それでもがんばる！どん

の図鑑

奇趣动物行为图鉴

[日] 今泉忠明 著　吕平 译

北京时代华文书局

你知道吗？

动物是顺应生存环境而不断进化的！

在一些动物的生存过程中，

有很多看到后会令人忍俊不禁的秘密！

不管怎样，这些动物都在积极地生活着，

所以我忍不住说：“好样的！”

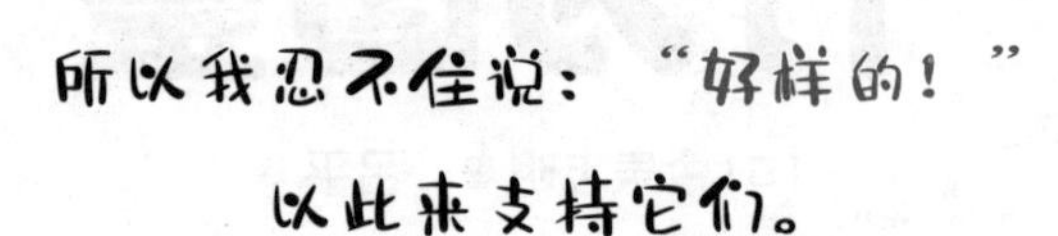

以此来支持它们。

要不要和我一起去看那些

“好样的”动物呢？

大家一定也想为动物们鼓励。

“好样的！尽管如此也要加油！”

对吧！

麻衣子

小学三年级的女生。
我就读于一所充满了自然风光的“不可思议小学”。
我非常喜欢动物，梦想是将来成为动物学博士。

前言

“好样的！”

当听到别人这么喊时，你的心里会产生什么样的想法呢？难道是消极的想法吗？不，不，因为“好样的”包含着积极的生命意义。

只要稍加留意我们就可以发现，身边的一些动物身上潜藏着“好样的”的一面。它们努力地生活着，哪怕有很多让人感到惋惜之处……看着它们为生存而顽强生活的样子，我不由得为它们鼓劲：“好样的！尽管如此也要加油！”

动物在进化的过程中，通过不断改变自己的形体和习性，逐渐适应了各种各样的环境，其物种也就不断繁衍下来。本书收集了生活在我们身边且能够见到的一些动物，并将它们身上不可思议的一面呈现出来。

同具有旺盛好奇心的人一样，本书主人公麻衣子非常喜欢动物。我们就跟着她一道了解一下动物们充满奇趣的生活秘密，然后再回到现实生活中看一看吧。

不管什么样的动物，都在残酷的现实中为生存而做着惊人的努力，并为适应环境而不断地改变自身。对此，我们应该付之以爱的情怀。

目　录

第 1 章
在附近就能见到的动物

第 2 章
在学校里能见到的动物

第 3 章 在公园里能见到的动物

第 4 章 在森林里能见到的动物

第 5 章

在海洋里能见到的动物

第 6 章

在动物园里能见到的动物

第7章

也许会再也见不到了

第1章

在附近

就能见到的动物

我们家附近有很多动物。平时可能不怎么关注，

但是即使我们见惯了的动物，也有很多不可思议的一面！

猫吃了贝类，耳朵会掉下来？！

无论是作为宠物养的家猫还是在野外生存的野猫，其实都同属“猫”这一种类。明明是野猫却和家猫归为同类，是不是有些不可思议？

家猫和野猫都喜欢吃鱼，那么，它们应该也喜欢吃贝类吧？如此联想很容易，但是真让它们吃了贝类则是非常危险的。因为诸如鲍鱼、海螺、鸟贝等贝类的内脏中均含有一种叫焦脱镁叶绿酸-α（pyropheophorbide α，PYRO-α）的有毒成分，一旦它们进入猫的血液，猫就会得光过敏性皮肤病。得了这种病，如果受到阳光的照射，猫的耳朵最薄的部位会得皮炎，严重时，猫的耳朵会溃烂成红色……

古话说“猫吃鲍鱼会掉耳朵”，真是一点都没错。对猫来说，是吃贝类，还是保留耳朵，可能是一个终极选择。既然如此，养猫的人请记住了：千万不要给猫吃贝类！

[生物数据]

猫	
栖息地	世界上有人类的地方
体长	50cm ~ 60cm
体重	2.25kg ~ 6.0kg

疼……喵……
鲍鱼

哇，耳朵都红了！
猫咪连好吃的巧克力都不能吃呢。
不可思议！

狗撒尿的方向是有讲究的？！

肯定没有什么人认真思考过有关狗撒尿行为中隐藏的学问。

最近，相关研究人员进行了一项有趣的研究①，以了解狗的行为和磁场（主要是地核内流动的电流）的关系。进行该项研究花了大约两年时间，观察了包含37个品种的70只狗在没有任何遮拦的广阔空间里撒尿的情形。竟然真的有人认真观察和研究狗撒尿行为！顺便说一下，这些狗一共排便1893次、撒尿5582次！

该项研究表明，地球磁场越弱时，狗越会朝南北的某个方向撒尿。为什么是朝南北方向呢？对此，还需要进一步研究。那么，狗为何本能地朝南北方向撒尿呢？这种“讲究”，太不可思议了！

[生物数据]

狗（全世界有数百个品种）	
栖息地	世界各地
体长	7.3cm ~ 253cm
体重	0.45kg ~ 133kg

①指捷克生命科学大学和德国杜伊斯堡-埃森大学的研究人员组成的研究小组的研究。

44

就喜欢这个方向!

为什么是南北方向呢?
我也试着观察一下家里养的狗!

蚯蚓超级积极

下雨过后，你有没有看到蚯蚓出现在地面上呢？这是因为，一下雨，土壤里的空气就变得稀薄，蚯蚓就钻出地面进行气体交换。尽管蚯蚓的外形很令人讨厌，但实际上它吃落叶和食物垃圾，能让土壤变得更加肥沃，是个好家伙呢！

乍看上去，觉得蚯蚓的身体很光滑，其实它的体表长着刚毛，有防滑作用。一旦蚯蚓的刚毛伸出，像钩子一样抓住地面，就能让蚯蚓的身子向前走。

“不看后面，唯有前进！”怎么说呢，按照我们人类的观点，蚯蚓是非常积极向前的动物呢。

我们一时很难区分蚯蚓的头部和尾部。不过，当了解了蚯蚓的特点之后，我们很快就能做出判断：一般朝身体前进方向的一端就是蚯蚓的头部。

[生物数据]

蚯蚓	
栖息地	陆地上的泥土中
体长	6cm ~ 12cm
体重	0.7g ~ 7.5g

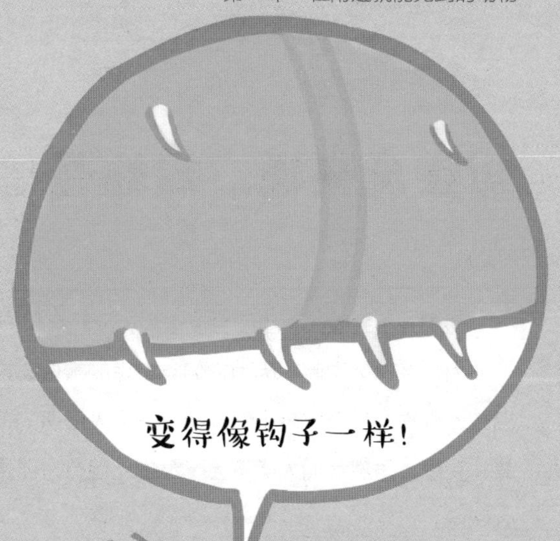

头

尾巴

看吧，我们总
积极向前!

即使蚯蚓先生有令人讨厌的方面，我们也应该像它那样，总是积极地勇往直前吧!

对壁虎来说，蟑螂是美味佳肴

壁虎并不会咬人，也不会攻击人，反而会保护我们的家。

为什么这么说呢？因为它们吃家里的害虫。它们的食物包括蚊、蝇、白蚁、蜘蛛，甚至比较小的蟑螂——令人厌恶的蟑螂居然是它们的美味佳肴！我想，虽然我们人类不会吃蟑螂，但有时还是很想知道蟑螂到底是什么味道。

因为壁虎吃家里的害虫、驱除家里的害虫，所以壁虎又被称为“家守”和“守宫”。据说，随着时间推移，“家守”这一叫法后来演变成现在的“壁虎”的叫法。

壁虎的每根脚趾下都长有一排排薄板样的器官，上面长满着细小的刚毛。依靠这些刚毛，壁虎不仅可以黏附在家中的墙壁和玻璃上，还可以倒着黏附在天花板上。

这是由于壁虎趾下的刚毛与接触物表面凹凸相吻合后，产生了微弱的作用力。依靠这种作用力，壁虎就能紧紧黏附在物体表面。

[生物数据]

日本壁虎	
栖息地	日本本州、四国、九州、对马等
体长	10cm ~ 14cm
体重	2.3g ~ 4.0g

脆脆的口感让人欲罢不能！

顺便说一下，与壁虎外形很相似的两栖动物蝾螈，因为能保护水井免受害虫的侵扰，所以也被称为“井守”。

最好不要靠近鸡冠特别红的鸡

世界各地都有人饲养鸡，据说仅在日本，鸡的数量就超过3亿只。可是，大家知道鸡冠为什么是红色的吗?

实际上，鸡冠是由皮肤向上生长形成的。之所以看起来很红，是因为皮肤内部布满了毛细血管。也就是说，因为血液的颜色显露出来，所以鸡冠是红色的。

关于鸡冠的功能，有各种各样的说法，如调节体温和吸引雌性等。不过，鸡在生气、兴奋时，血液就会聚集到鸡冠的毛细血管里，鸡冠的温度就会急速上升，看上去鸡冠更红了。这就像人类一旦大为恼火，就会血冲上头，脸立刻变红一样。如果靠近鸡冠非常红的鸡，往往就难免被它啄一顿。

[生物数据]

鸡	
栖息地	世界各地
体长	40cm ~ 80cm
体重	0.5kg ~ 6.5kg

我们都见过因生气而脸红的人吧！
因为到现在为止都没有仔细看过鸡冠，所以也试着观察一下吧！

果蝇见到蓝光就会死

一到夏天蝇虫就会增多。特别是果蝇，繁殖能力出众，只需10天左右就能从卵长为成虫。只要条件允许，我想大家都不希望见到身上携带着细菌的它们。

你知道吗？虽然果蝇成长速度超快，但是它们一旦被蓝光照射到就会死掉。很多人都知道蓝光有杀虫效果，但是对其杀虫的机理一直没弄清楚。对此，解开答案的竟然是山梨县的高中生们[①]。根据他们的研究，果蝇被蓝光照射后，伤害身体细胞的氧化应激作用就会增强。这样一来，细胞就会死亡，进而导致果蝇本身死亡。

由此我们不禁要问，我们人类的眼睛也会受到智能手机等辐射的蓝光的伤害吗？不论对果蝇还是对人类来说，蓝光都危及生命吗？

[生物数据]

黄果蝇	
栖息地	野外、家中
体长	2mm～4mm
体重	约1/1000g

①根据山梨县立韮崎高等学校生物研究部的《蓝光导致果蝇死亡的原因真的是氧化应激吗？》。

原来如此！终于明白露营地为什么有蓝色的灯了！高中生竟然也能解开谜题，真是厉害啊！

人在打喷嚏时，眼睛会飞出来吗？

人属于高级动物，但是人类对自身的生命机理，还有很多没有研究明白的地方。

其中之一是，人类至今仍没弄清楚打喷嚏的机理。打喷嚏的一个作用是将鼻内灰尘等异物排出体外。打喷嚏时，人的身体往往会颤抖，体温也跟着上升，同时眼睛会闭上。

为什么打喷嚏时眼睛会闭上呢？一般认为，这种行为是出于保护身体而做出的反应。因为人的鼻子和眼睛通过鼻泪管相连，打喷嚏时闭上眼睛，鼻孔就会膨胀鼓起，由此确保了鼻孔内的气息畅通。相反，如果硬睁着眼睛打喷嚏，鼻孔就被堵住了，无处可逃的气息在打喷嚏产生的压力作用下，会通过鼻泪管冲向眼球。可以想象，这时出现的最糟糕的情形是，眼球会飞出来[①]。

不过不用担心，人体的构造机制已经让人类无法做到睁着眼睛打喷嚏。所以，不用害怕打喷嚏时眼球会飞出来。

[生物数据]

人类	
栖息地	南极、北极以外的世界各地
身高	172.4cm（17岁男性的平均值），155cm（17岁女性的平均值）
体重	64.6kg（17岁男性的平均值），49.6kg（17岁女性的平均值）

①据国际鼻科学会的G.H.德拉姆海勒博士的学说。

好孩子不要模仿哦！

我们人类也不能活动耳朵垂哦！
因为耳朵垂几乎没有肌肉，所以我们无法控制它活动。不可思议！

麻衣子的惊奇手艺！
手绘日记①
世界第一可爱！
耳廓狐
世界第一丑陋?!
水滴鱼

今日主题 世界上最可爱的动物和最丑陋的动物	6月25日　星期一	
	天气 晴	地点 内院

　　根据去年美国CNN电视台的报道，在最可爱的动物排名中，耳廓狐高居榜首！

　　耳廓狐的大耳朵超级可爱！

　　反之，世界上最丑陋的动物是一种叫水滴鱼的深海鱼。这是英国评选出来的世界上最难看的生物。不过，我倒是觉得这种鱼也长得很可爱呢！

老师评语

不管是哪种动物，看上去都很可爱呢！不过，耳廓狐的耳朵为什么会长得那么大呢？提示一下，线索是“沙漠”。不妨试着查查看吧！

不可思议小学

第2章

在学校里

能见到的动物

如果知道身边动物的生活状态，那么从知道的第二天起，

学校也许会变得更有趣。大家的学校附近有什么样的动物呢？

在寒冷的地方养金鱼能有啤酒喝？！

我们可以很容易地将金鱼饲养在学校的观赏池或家中的水箱里。最新的一项研究①表明，金鱼具有自己制造酒精的能力。我们知道，在寒冷地区，一旦池塘、湖泊的水面结冰，水中就会缺少氧气。金鱼如果生活在这种缺少氧气的水中，体内的乳酸浓度就会增高，一旦乳酸浓度过高，就有死亡的危险……不过，身为鲫鱼种的金鱼会用特殊能力将乳酸转化成酒精（乙醇），然后，将酒精通过鳃排出来，如此就能实现排出体内的乳酸，让自己生存下来。

如果用啤酒杯饲养金鱼，约200天就能产生4%的酒精，这与啤酒的度数相差不多。这种“金鱼啤酒”应该是超绝的，不过，总让人觉得有腥味。

[生物数据]

金鱼	
栖息地	池塘（大部分是饲养的）
体长	5cm ~ 48cm
体重	0.75kg ~ 3kg

①来自英国利物浦大学和挪威奥斯陆大学的联合研究小组的论文。

简直就是泡在酒精里啊！
酒精排放中……

冬天的时候，校园里的观赏池会结冰，所以有点担心冰下的金鱼。原来金鱼是这样在冰下存活下来的啊！

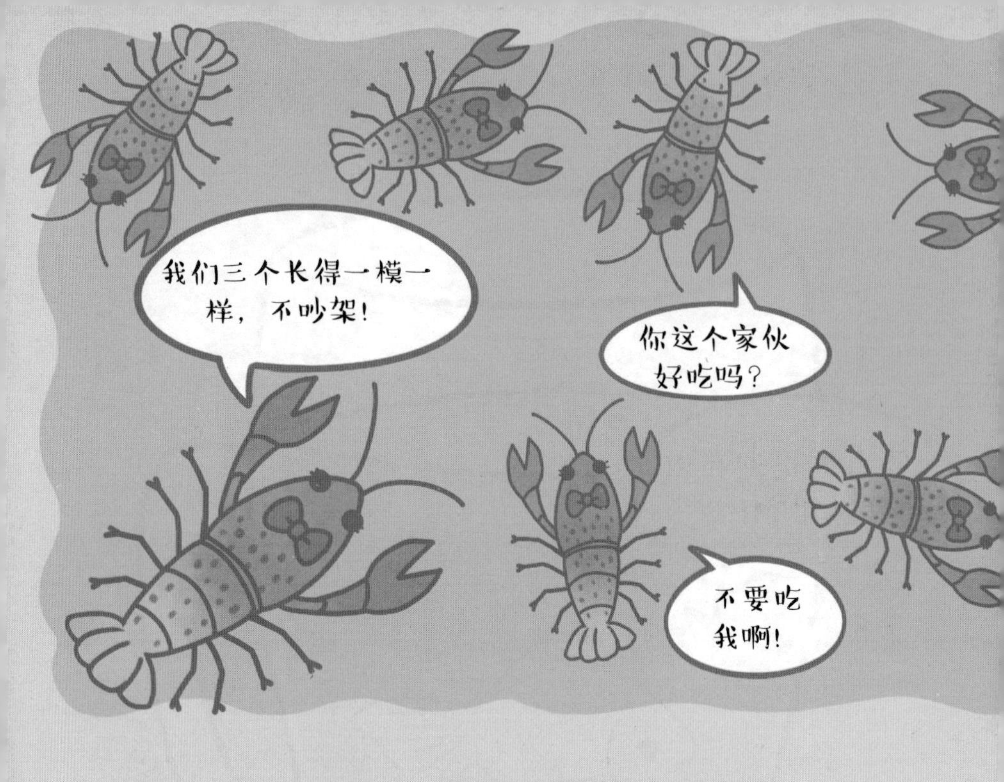

增加了太多，快要征服世界的小龙虾！？

小龙虾长着螃蟹一样的钳子。在日语中，小龙虾的名字中含有“螃蟹”二字（小龙虾为“**ザリガニ**”，螃蟹为“**ガニ**”），但小龙虾是虾的同类。

在小龙虾家族中，有一种小龙虾叫作大理石纹小龙虾[marbled

[生物数据]

大理石纹小龙虾	
栖息地	淡水域
体长	7.7cm ~ 8cm
体重	13.0g ~ 13.4g

-crayfish，又名美洲龙纹螯虾（Procambarus Virginalis）]，全为雌性，能一直繁殖，一直增加后代数量。根据相关的调查研究，人们发现这种小龙虾的后代全是与最初那只变异雌性小龙虾拥有相同遗传信息的克隆生物。也就是说，所有这种小龙虾的模样和花纹都是一模一样的！

我们还不知道克隆是如何发生的。当我们培育新生命时，我们需要一种叫作性染色体的物质，都是从父母那里各继承一条，组成一对。但是，这种小龙虾个体有3对性染色体，它们能无性繁殖，有可能是受此影响。

这种小龙虾都是克隆的，所有它们看起来都一样。连它们自己也不知道谁是自己的孩子，真是不可思议！

永远持续地繁殖增加，真厉害！
如果克隆的数量太多，这种小龙虾就能征服世界了！

鸽子的白色排泄物不是粪便

我们平常看到的灰色鸽子是鸽属的原鸽。但凡有鸽子的地方就会出现它们的白色排泄物。一般动物的粪便都是茶色的，但鸽子的“粪便”是白色的。这是为什么呢？

其实，鸽子的白色排泄物并不是粪便，而是我们通常所说的尿液。我们人类排出的尿液中只含有少量尿酸，但鸽子的尿液中含有大量尿酸。尿

［生物数据］

原鸽	
栖息地	学校、市区、森林等
体长	31cm ~ 34cm
体重	180g ~ 370g

酸微溶于水，它和水的混合物被排出身体后，就会凝固并呈白色。因此，准确地说鸽子的白色排泄物是尿液。

人类排尿排出“尿素”，鸽子排尿排出“尿酸”，其实排出的都是身体不需要的氨基酸，只是尿的状态和颜色不同而已。那么，鸽子排的粪便在哪里呢？只要仔细观察就会发现，鸽子排出的白色尿液里有绿色的固体物，它就是鸽子的粪便。鸽子通过同一个排泄口排出尿液和粪便，所以常见到的是白色的尿液和绿色的粪便混杂在一起。当然，也有只排出粪便的时候，不过一起排出来应该更方便吧。

不管是大便还是小便，绝对不想碰鸽子的粪便！不过如果是白色的话，感觉上还算是比较安全的。

褐家鼠的信息泄露了

褐家鼠是一种体形较大、性情暴烈的鼠类，有时候它们甚至将鸡当作猎物。它们还会将体形较小的鼷鼠当作美味佳肴，一旦发现就会进行捕杀并吃掉。对于鼷鼠来说，它会尽可能远地躲避褐家鼠……

最近的一项研究[①]表明，鼷鼠能感知到褐家鼠眼泪中包含着的物

[生物数据]

褐家鼠	
栖息地	下水道周围、河流、海岸、湿地等
体长	18cm ~ 28cm
体重	150g ~ 500g

①来自东京大学的东原和成等人的研究小组的研究。

质——信息素，并将它当作危险信号。褐家鼠把自己的眼泪涂在身上，并通过察觉彼此眼泪中的信息素来进行交流。这等于提前给鼷鼠通风报信。只要稍微感知到褐家鼠的气息，鼷鼠就会提醒自己：“危险，小心点！”然后它们就变得格外谨慎。

这是人类在哺乳动物中首次发现的能通过感知敌人的信息素来让自己尽早躲避敌人的行为。难道褐家鼠就不知道，自己的行踪早就泄露给猎物了吗?

人在悲伤和感动的时候会流泪，但褐家鼠居然用眼泪来交流!

山羊的瞳孔总是与地面平行

大家有没有近距离观察过山羊呢？如果仔细观察山羊的眼睛，你就会发现山羊的瞳孔是横向长方形的。它们在低头吃草或低头格斗的时候，瞳孔总会保持着与地面平行。

山羊的眼珠不论怎么转动，瞳孔始终保持与地面平行，这是为什么呢？究其原因，就是为了能在自然界中生存下去。山羊时刻有被肉食动物袭击的危险，所以需要随时注意周围的情况。它们长方形的瞳孔可以让自己看到身后很大的范围。这样的瞳孔大约能旋转50度，所以即使低头时，它们也能看到与抬头面向前方时相同的范围。

像这样的瞳孔结构，是山羊等一些草食动物的特征。只要脑袋一动，瞳孔就会转动，这时山羊到底是一种什么样的心情呢？

[生物数据]

山羊	
栖息地	气候温暖的地域
体长	40cm ~ 150cm
体重	10kg ~ 100kg

山羊旋转眼珠的能力是为了保护自己而进化来的。只是，我要是旋转眼珠，就恶心得要吐出来了……

牛也因“牛关系”而烦恼

在充满自然风光的广阔牧场里，看着牛悠闲自得地吃着草，总觉得牛的内心十分恬静。但是，根据美国数学家发表的一份报告①可知，群体生活的牛也有烦恼。

[生物数据]

牛	
栖息地	草地
体长	约180cm
体重	450kg ~ 1800kg

① 刊载于*Chaos*杂志2017年6月期。

为保护自己不受外敌侵害，牛一直过着群居生活。在一个大的牛群中，有吃得快的牛和吃得慢的牛。吃得快的牛会很快地移向下一个目标，但是吃得慢的牛仍想按照自己的节奏慢慢地吃着……如果抛下一头牛留在原地，它被外敌袭击的危险性就会提高。这时，被抛下的这头牛的内心也会很纠结："大家都走了，我的处境危险了，但是我还想吃这里的草，该怎么办呢……"

牛的内心的纠结一旦变得严重，就会产生压力。如此看来，牛也有因为"牛关系"而烦恼的时候。

牛和人类一样，烦恼的事情也很多。
愿你能慢慢地、悠然地吃着草！牛先生，加油！

七星瓢虫
→花里胡哨，给人一种“我很难吃”的感觉

北极熊
→与白雪浑然一体

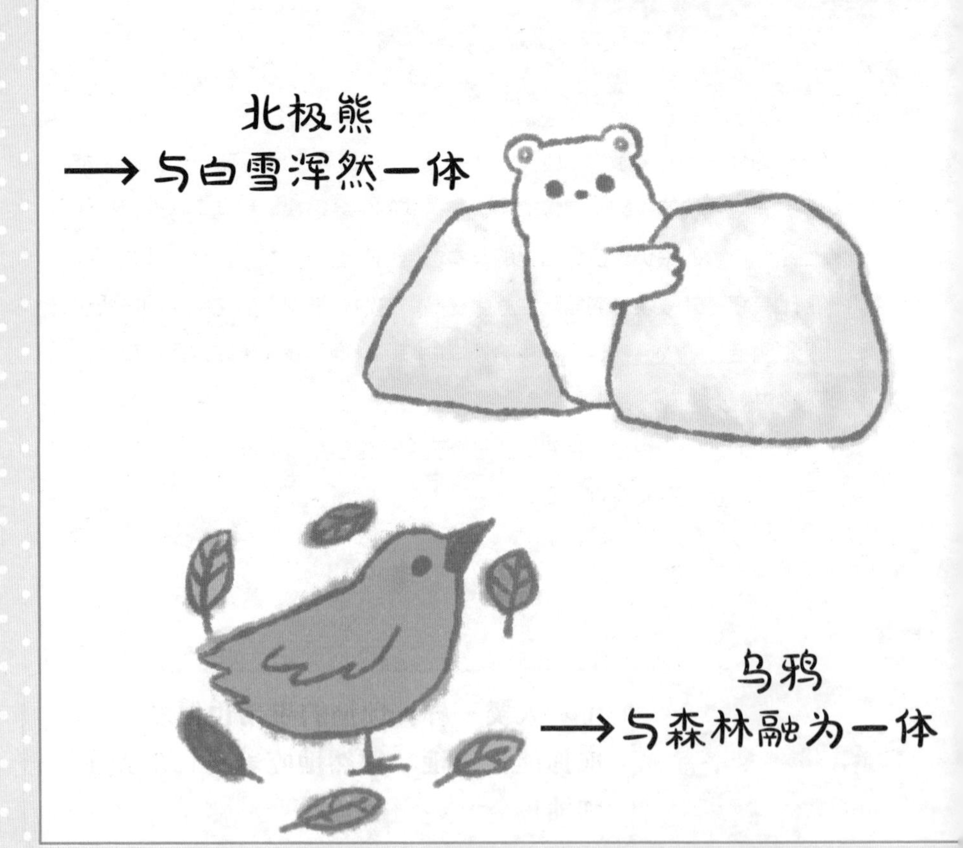

乌鸦
→与森林融为一体

今日主题	7月7日　星期六	
自己的颜色会招致危险？！	天气：阴	地点：图书馆

为什么世间的动物有各种各样的颜色？

试着调查了一下。原来，在动物们所居住和生活的环境中，颜色越不显眼或越鲜艳，就越容易存活下去。

为了和森林融为一体，乌鸦身披黑色的羽毛；为了与雪景浑然一体，北极熊通体雪白。反之，为了给敌人造成一种“我可是很难吃的！”的感觉，七星瓢虫便披上了一件花里胡哨的外衣。动物们的表现真是很棒的！

老师评语

有些动物身上有类似于乌鸦等动物的保护色，有些动物身上则有类似于七星瓢虫的警戒色。拥有警戒色的动物大多想通过预警让敌人放弃伤害。比如说，七星瓢虫还会分泌出又臭又苦的汁液！

第3章 在公园里能见到的动物

发现野生动物的时候，大家一定兴奋不已。

在大家经常去玩的公园里，也有各种各样不常见的动物，

一定要去找找看哦！

苇鳽隐藏得太深了

苇鳽的外表和作料茗荷[1]几乎一模一样，所以被人们称为“鸟界的茗荷”。它是一种可爱的鹭科小候鸟，生活在芦苇、湿地、水田等地带。

苇鳽身上充满了不可思议的特征！为了能在莲等水生植物上行走，它长有与身体不相称的相当大的脚。它的长腿长得比较随意，是罗圈腿，走路的样子看起来像大叔。吃东西时，它立在水生植物之间伸长了脖子狼吞虎咽。这些都是它身上罕见的特征。

最不可思议的是，受到惊吓或觉察到危险来临时，它不会逃避，而是极力让自己的身体与周围的植物或环境融为一体。它会举喙朝天，将身体伸长变细，努力变得像芦苇或者树枝一样，然后一动不动。它的本意是隐藏自己，但它的拟态行为真可爱。苇鳽，好样的，加油！

［生物数据］

苇鳽	
栖息地	芦苇荡、竹林
体长	约37cm
体重	约115g

①茗荷，姜科姜属多年生草本植物，花苞有特殊香气，可用来为荞麦面、冷豆腐等菜肴提味，也有用它制作天妇罗（天妇罗是日本对用面糊炸的菜的统称）或醋腌爽口小菜。

很好，没有露馅！

苇鳽先生，真的不可思议呢！
虽然现在还不在行，但是为了能更好地隐藏起来，必须努力！

蜣螂吃粪便清洁公园

在奈良县的奈良公园里有1200头鹿。这么多鹿，一天的排粪量有多少呢？鹿的粪便和黑豆几乎一模一样，一头鹿一天的排粪量为700g~1000g。由此可知，在奈良公园里，1200头鹿一天的排粪量为840kg~1.2t。这是很可怕的数量。然而，明明没有人收拾，奈良公园里却很干净。这是为什么呢？

这得归功于金龟甲虫的同伴——日本绿蜣螂。日本绿蜣螂是以粪便和腐肉为食的“粪虫”，它可以自由自在地滚起比自己身体大14倍的巨大粪球，是喜欢粪便的超级小英雄！

[生物数据]

蜣螂	
栖息地	公园、山地、森林
体长	约2cm
体重	0.3g ~ 0.5g

虽然本没打算打扫公园！但是粪便实在是太好吃啦！

虽然吃粪便会让人大吃一惊，但是能让公园变得很干净，这都是蜣螂先生的功劳啊！

天鹅的屁股上冒油

每年总有大大小小的天鹅来到日本越冬。有句话说："你只看到天鹅优雅地浮在水面上，却没看到它在水下奋力拨动的脚掌。"这是照搬"鸭子的蹼"（指不为人知的辛苦）的说法，是一种错误的理解。因为与用脚掌吧嗒吧嗒划水的鸭子相比，天鹅既能在水面上保持着美丽的身姿，又能在水面下用脚掌优雅地划水。

为什么天鹅不拍打脚掌就能优雅地划水呢？秘密就在天鹅的屁股上。它们能从屁股尾脂腺孔分泌出凝胶状的油脂，然后用嘴灵巧地取用这些油脂，一有时间就将全身涂满。

美丽的天鹅悠然自得地在水面上游来游去，却涂上了从屁股排出来的油脂，真是太不可思议了！不过，尾脂腺分泌的油脂具有很好的隔水效果。正是有了这种油脂，天鹅才能浮在水面上。

[生物数据]

大天鹅	
栖息地	池塘、沼泽、河流
体长	约140cm
体重	8kg ~ 12kg

今天也闪闪发光呢！

哇！屁股总是闪闪发光的呢！
屁股出油真是不可思议啊。它会是什么样的心情呢？

龟的壳其实是肋骨

日本自古以来就有龟类生活，有出生后被称为“杰尼龟”的草龟，还有只生活在日本的日本龟。

龟的身上长着厚重的甲壳。一看到龟的甲壳，很多人就想知道它能否脱得下来。虽然这么想想很容易，但是将它脱下来是不可能的。因为龟的甲壳是由类似于我们人类胸部的肋骨进化而来的。也就是说，龟的甲壳和肉身紧密相连，是身体的一部分。

美国有一项研究①，研究了龟的祖先的骨头，并预测了其进化的过程：龟的肋骨渐渐变粗变大，最终变成了覆盖身体的甲壳。至于说龟的甲壳是为了保护身体，还是为了方便在水中游泳等，至今仍说法不一。另外，对于龟的肋骨为什么会变成甲壳，至今仍未探明原因。还有，龟身上最终进化出了厚重的甲壳，这不是特意让自己负重前行吗？不可思议之处一个接一个。

[生物数据]

日本龟	
栖息地	池塘、沼泽
体长	10cm ~ 25cm
体重	500g ~ 1050g

①来自美国史密森学会研究所的古生物学家泰勒·莱森博士等人的研究。

进化成这样，花了超长的时间呢！

一想到肋骨露在外面就觉得很恐怖，但是乌龟的甲壳又硬又结实，所以不用担心啦！

衣衫褴褛是孔雀恋爱结束的信号

当孔雀像展开折扇那样张开色彩鲜艳的羽毛时，它的美丽往往令人叹为观止，但实际上，只有雄孔雀的羽毛才有着像眼睛一样美丽的花纹，而雌孔雀的羽毛是茶色的，很朴素。只有雄性才拥有美丽羽毛的一个原因是，雄性用它来吸引雌性选择自己，以繁衍后代。因此，雄性的羽毛进化得很美。

但是，雄孔雀的美丽羽毛是属于繁殖期（3~6月）的限时产品。一旦过了繁殖期，它就会渐渐脱落，最终变成寒酸的样子。如果求偶成功了还好，如果求偶失败，那可就是惨不忍睹、狼狈不堪了。但是，为了下一次恋爱，雄孔雀的羽毛会再一点点地长出来，到时再努力，说不定就成功了。

[生物数据]

蓝孔雀	
栖息地	低山带的树林、草原、农田
体长	90cm ~ 130cm
体重	2.8kg ~ 6.0kg

我好怀念那个时候……

我以为它永远都有美丽的羽毛！
直到装饰羽脱落才知道结果。别难过，
孔雀先生！

金眶鸻抱着复杂的心情假装受伤

金眶鸻主要以蠕虫和昆虫为食，生活在河流、池塘、沼泽附近。在养育后代的过程中，如果发现有敌人觊觎自己巢里的蛋或雏鸟，它就做出奇怪的举动。

它先用叫声告知巢中的雏鸟们待在原地不动，然后在离开巢不远的地方故意装出受伤的样子，开始被称为“拟伤”的行动。

［生物数据］

金眶鸻	
栖息地	河边的小石滩
体长	14cm ~ 16cm
体重	30g ~ 50g

它夸张地做出吧嗒吧嗒扇动翅膀的动作，如同在说“看我受伤了！”，以此来吸引敌人的注意力，让敌人把目标转向自己，慢慢地远离有雏鸟的巢。一旦确认敌人已经离开，它就不再假装受伤，而是一溜烟地逃走。

用演技来欺骗敌人，我觉得这是一种非常聪明的手段。不过，在这一过程中，金眶鸻的内心可能会处在“保护幼鸟”和“真的想立即逃走”的纠结中，甚至是战战兢兢，心脏跳得如同打鼓一样。这也可能是处于恐慌之中的金眶鸻所能使用的最后一招吧。

虽然人类也有“装病”的行为，但是金眶鸻好像更拼命呢！总之，辛苦了！

喝醉了的驼鹿

超级喜欢喝酒的笔尾树鼠

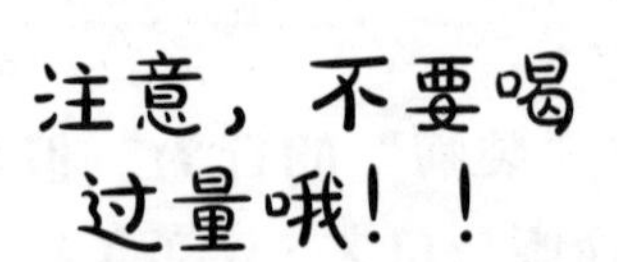

今日主题	8月19日　星期日	
即使酩酊大醉也毫不在乎的动物	天气 阴	地点 山冈

我们都知道大人会喝酒，但是会喝酒的动物，你知道吗？

据说国外有一种驼鹿在吃了一种苹果之后，就像喝了酒似的，酩酊大醉地挂在树上。笔尾树鼠在啃了掉落的苹果之后，居然就爱上了喝酒！

不管是人类还是动物，都得学会控制自己饮酒的量啊！

老师评语

根据美国的最新研究，果蝇似乎也有酒精依赖症！老师也会留心饮酒的。

第4章

在森林里

能见到的动物

森林是个不可思议的地方。

一想到森林里生活着许多动物，就感到了生命的神秘。

来吧，去见见森林里那些不可思议的动物吧！

焦躁的松鼠很可爱

松鼠非常可爱，有着大大的眼睛、毛茸茸的长尾巴。松鼠的尾巴有很多用途，如奔跑或爬树时用来保持平衡，有时也会用来当作伞和枕头。

通过松鼠尾巴的动作，我们能了解松鼠的用意。当尾巴紧贴着背站立时，表明松鼠正处在警戒中，这是一种让自己非常容易逃跑的姿势。当尾巴左右摇摆——我们称作“拟攻”（mobbing）时，表明松鼠正处在紧张中，为此做出警告周围敌人并威吓敌人等的举动。有时，松鼠会用尾巴激烈地敲打地面。对我们来说，这是一种“可爱”的举动，但对松鼠来说，这是内心焦躁不安的表现。明明是内心焦躁不安，却因为蓬松的尾巴而让我们感到可爱，松鼠啊，你可真是可爱反被可爱误呢！因为不管你的内心多么焦躁不安，我们都不会替你担心的。

[生物数据]

日本松鼠	
栖息地	森林地带
体长	16cm ~ 23cm
体重	250g ~ 350g

咦，没橡子了。
怎么办啊，我感到了不安……

我还觉得摇着尾巴很可爱呢！
下次看见的话，就悄悄放过它吧！

独角仙的蛹“为保护自己”而颤抖

独角仙的幼虫从卵中孵化出生，一般在出生当年10月至次年5月左右在土中度过幼虫（二龄）期。接着，在5月至6月间，幼虫蜕化成蛹，在7月左右蜕皮羽化为成虫。

独角仙成虫头上长着大角，被称为“昆虫之王”。但是，它处在蛹态时，对来自外敌的侵犯往往处于束手无策的无力状态。一旦外敌靠近，它的处境就会非常危险。因为它的蛹室稍微受到一点冲击就会坍塌，非常脆弱，抗震性也很差。

那么，独角仙在蛹态时是如何保护自己的呢？那就是全身心地保持颤抖。东京大学的一项研究①表明，独角仙在蛹态时为了不让外敌靠近自己，会颤抖着发出警告。这时，它一定是一边希望自己快点变为成虫，一边“为保护自己”而颤抖着。

[生物数据]

独角仙	
栖息地	阔叶树林
体长	30mm ~ 54mm
体重	4g ~ 10g

①来自东京大学大学院农学生命科学研究科生产环境生物学专业的石川幸男教授等人的研究。

不要来，不要来！
不要来，不要来！
嗯，因为身体不能动弹，所以只能颤颤巍巍地发抖。快点变成成虫就好了！

栗耳短脚鹎故意惊醒睡着的猫头鹰并威吓它

栗耳短脚鹎性格活泼，总听到它在鸣叫着："嘻哟！嘻哟！"不过，细听上去就知，它实际上发出的是"噼哟！噼哟！"的声音。

虽然栗耳短脚鹎的叫声有时让人感到很吵很烦，但是真正受其干扰的可能是猫头鹰。因为栗耳短脚鹎的警惕性非常高，一旦发现白天难得一见的比自己大的猫头鹰时，就会大喊："哇，敌人！"并会不断发出尖锐的叫声进行威吓。这是小鸟对大鸟采取"拟攻"的行动，目的是通过声音骚扰来赶走对方。其实，猫头鹰只是想安静地睡个觉，没想到却被意想不到的"爆音闹铃"强行吵醒。

[生物数据]

栗耳短脚鹎	
栖息地	低山的森林、树木多的市区
体长	25cm ~ 29cm
体重	66g ~ 100g

栗耳短脚鹎的警惕性很强呢！但是，它的叫声会很烦，为了猫头鹰小姐，你还是停止吧！

睡鼠通过脱落尾巴皮换取生命

睡鼠长得和松鼠、老鼠很像，但是它属于另一个分类。其中，日本睡鼠只生活在日本，被日本指定为国家自然珍贵物。

日本睡鼠属于夜行性动物，住在森林里。在树上移动时，它的毛茸茸的尾巴能起到保持身体平衡等重要作用。不过，如此有用的尾巴，一旦被抓住，它的表皮就会像脱手套一样脱落下来，以致尾巴骨都露出来了。这么可爱的睡鼠，竟然让生活中不可缺少的尾巴皮脱落下来，太不可思议了！

日本睡鼠之所以让尾巴皮脱落，是为了让自己在尾巴被抓住时能够迅速逃脱，以保护身体免遭伤害。这是它逃命时用的障眼法——用尾巴皮换取生命，以逃离困境。

［生物数据］

日本睡鼠	
栖息地	森林
体长	约8cm
体重	约25g

我还以为只有蜥蜴和壁虎才会自己断掉尾巴逃生，原来睡鼠也有类似的做法啊！有趣！

受精蜗牛因为恋爱之箭而缩短了寿命

在蜗牛科动物中，有一种同时拥有雌雄生殖器官（雌雄同体）的蜗牛。它们行动非常缓慢，平常很难遇到同类，但是，只要有两只碰到一起，就可以繁育后代。

这样的蜗牛交配时，两两面对面，用被称为“恋爱之箭”的坚硬枪状物刺向对方。这时，被刺到的一方就会受精，不久就生下小蜗牛。有一种很有力的说法是，这种蜗牛通过恋爱之箭来支配对方，让对方生下自己的孩子。

根据日本东北大学一项最新的研究①，这种蜗牛如果被恋爱之箭刺到而受精，就只能活45天左右，而它们的平均寿命是60天。这被认为是防止受精后的蜗牛再和别的蜗牛交配。不过，我们感受到的是，被那根恋爱之箭刺到会很疼。

[生物数据]

琥珀同型巴蜗牛	
栖息地	草木的根部、农田
体长	约15mm（壳径）
体重	约2g

①来自日本东北大学生物学家木村一贵等人的研究。

这样啊……蜗牛夫人，没关系啦！不过，我们以前不知道，动物的生存本能真的很厉害呢。

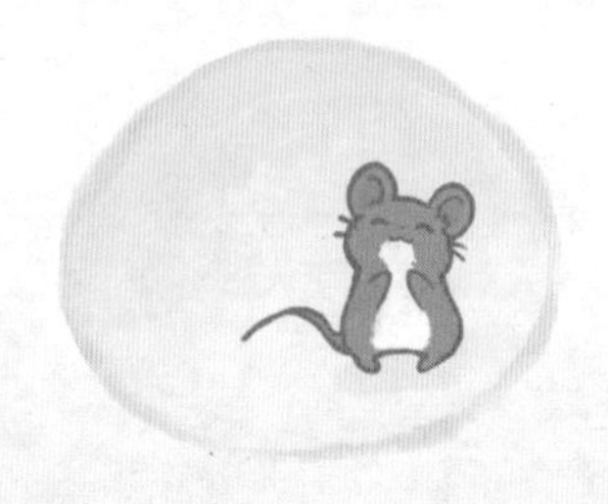

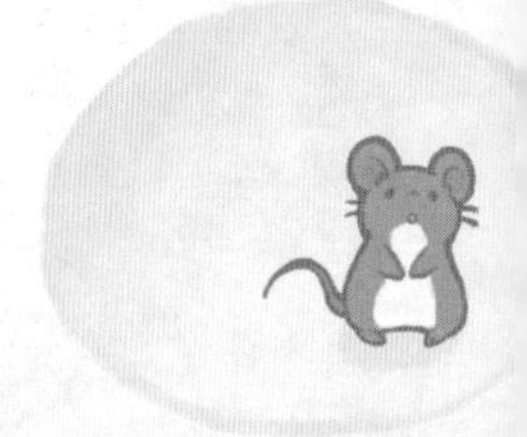

赤狐有时会一头扎进雪中

在日本，人们所称的狐狸，指的是赤狐这一种类。

赤狐有着红色的体毛，并因此而得名。它们以老鼠、兔子、昆虫、蚯蚓、禽蛋、果实等为食。人们特别想知道的是，它们在积雪较深的地方是如何捕猎的呢？答案出乎意料，它们用的是一个非常生动且有仪式感的方法。当听到雪中发出细微的声响时，它们会毫不犹豫地跳起，然后一头扎

[生物数据]

赤狐	
栖息地	森林
体长	66cm ~ 68cm
体重	5.2kg

进雪中，直至抓住猎物。

捷克的研究人员[①]花了两年时间，观察了84只赤狐的捕猎行为。从这些赤狐大约600次俯冲捕猎行动中，他们发现，赤狐大多面朝东北方向进行俯冲，并且面朝这个方向进行俯冲，成功抓住猎物的概率为73%。这被认为是赤狐的第六感，叫作磁感。

赤狐一头扎进雪中捕猎，在大多数情况下并不是因头脑一时发热而采取的行动。

①指捷克的雅罗斯拉夫·塞尔贝尼等研究人员。

看上去最可爱的
是企鹅呀。

	甜	酸	咸	苦	美味
人类	○	○	○	○	○
猫	×	○	○	○	○
小鸡	○	○	○	○	○
狗	○	○	×	○	○
企鹅	×	○	○	×	×

今日主题	9月4日 星期二	
不知道什么是甜味？动物的味觉真有趣！	天气 多云	地点 杂草丛生的草坪

我非常喜欢吃喝，享受食物的美味，但是自然界中存在着不知道食物味道的动物。列举出来给你看看吧！

看上去最可爱的企鹅，据说只能品尝出酸味和咸味。这样一来，即便是蛋糕，它也不会觉得好吃啰。不知道好吃的食物的味道是多么美，这也有些"可爱"呢……

老师评语

真是不可思议呀。人类会有"好吃"和"难吃"这样的感觉，那么，动物在品尝食物的时候，又会产生怎样的感觉呢？

第5章

在海洋里

能见到的动物

虽说“所有的动物都是从大海中诞生的”，

但关于在海洋里生存的动物，我们还有很多未知的地方。

那么，在海洋里能见到的动物有着怎样神奇有趣的一面呢？

日本海螺直到最近才有了真正的学名

以前，日本海螺没有真正的学名，一直使用英国僧侣、博物学家约翰·莱特福德于1786年命名的“Turbo cornutus”（角蝾螺）作为学名。它是中国产的南海螺的另一种学名。1848年，贝类学者利弗[1]误以为日本海螺和中国南海螺是同一物种，所以日本海螺也就一直使用这个学名。

2017年，冈山大学的福田宏副教授[2]指出：“日本海螺应该作为新物种来对待！”为此，他将日本海螺命名为“Turbo sazae Fukuda，2017”。就这样，日本海螺终于有了自己的学名。

[生物数据]

日本海螺	
栖息地	礁石
体长	约10cm
体重	50g～200g

①指英国的贝类学者罗伯·奥加斯塔斯·利弗。

②指冈山大学大学院环境生命科学研究科的福田宏副教授。

这么长时间都没能取上名字的海螺小姐，真是不可思议啊。
明明在动画里那么有名啊！

珊瑚之所以如此美丽，是因为有了鱼尿

珊瑚常常被误认为是石头或植物，其实它是由珊瑚虫的石灰质骨骼聚集而成的。珊瑚虫主要分为制造珊瑚礁的造礁珊瑚虫和以单体状态存在的非造礁珊瑚虫两种。珊瑚礁是指由珊瑚虫的石灰质骨架堆积形成的礁石，就像是珊瑚虫的美丽的家。

最新的一项研究①表明，珊瑚礁能保持健康和美丽，得益于鱼尿中含有的营养成分。珊瑚虫虽然能从阳光中得到很多能量，但是很难得到氮和磷之类的能让珊瑚变美的营养素。因为自身不能移动，所以珊瑚虫就从鱼的排泄物中摄取必要的营养素，从而保持自身的美丽和健康。

对于珊瑚虫来说，混杂着鱼尿的海水就像美味佳肴一样。但是，把鱼尿和珊瑚的美丽联系在一起，总觉得其间的关系很复杂呢。

[生物数据]

绿珊瑚	
栖息地	浅海（造礁珊瑚）
体长	0.6 ~ 30cm
体重	约10g ~ 100kg

①来自美国华盛顿大学研究团队的研究。

鱼尿真厉害啊！可以让珊瑚变漂亮，难道人类的尿不行吗？

明明是螃蟹却能往前走

说起螃蟹，大家都知道它是横着走的。为什么要横着走呢？因为它们的身体两侧长有5对步足（其中第1对是螯足），足与足的间隔很窄，向前走就会彼此撞到，从而不能快速移动。横着走就不会出现这种情形，所以走得更快。

在浅滩上，人们经常看到一种名叫豆形拳蟹的小螃蟹。这种螃蟹的足细长，足关节的间隔也很充裕，所以既能横着走，也能向前和向后走。身披硬邦邦的甲壳，它们前进的样子就像小机器人。

豆形拳蟹行动灵活，但遇到敌人时，它们还是会一动不动地装死。另外，它们的食物只是蛤蜊等死了的贝类。之所以如此，是因为它们体形小，没有捕捉猎物时所需的攻击力，无法将猎物杀死。

[生物数据]

豆形拳蟹	
栖息地	内湾海滩
体长	约22mm（甲壳长度）
体重	约2g

好吧!
人生要向前看!

豆形拳蟹被抓住就一动不动，不过，
这是在装死吧!

因为栉水母的一次排便，全世界的学者都陷入了混乱

早先，学者们认为，动物的祖先只有嘴，用于排泄粪便的肛门，是在后来的进化过程中形成的。比如，只有嘴的海葵和珊瑚虫等，就是保留着这种痕迹的原始动物。

栉水母的嘴里的一侧其实长有像肛门一样的排泄孔。但是，人们误以为它们的粪便是从喉咙里吐出来的，因而也就认为它们是与原始动物一样的动物。

直到栉水母从排泄孔排出粪便的过程被拍摄下来[①]后，全世界的学者都陷入了混乱！这是因为人们有了“也许动物从一开始就有肛门”的新认识。到目前为止，先前关于肛门起源的说法因栉水母的排便视频而被颠覆了，全世界学界都炸开了锅。

［生物数据］

栉水母	
栖息地	海洋
体长	约10cm
体重	约100g（97%是水分）

①来自美国迈阿密大学的进化生物学家威廉·布朗的研究。

只是一次排便就引起了大骚动！但是，
肛门的进化真是个谜啊！

红嘴鸥夫妇绝对不能互相看到对方的黑脸

红嘴鸥是鸥科鸟类中的一种，它们的喙和脚都是红色的。但是，在夏天和冬天的时候，它们的脸会变成另一副样子。

鸟类每年都有一次换羽时期，红嘴鸥也不例外。在冬天时，它们全身几乎都是白色的，只是到了夏天，它们的脸周围的羽毛会脱落。这时不知什么原因，它们的脸变成黑色，而且只是脸变成黑色，看上去就像戴着黑色头巾和口罩的小偷。

处于繁殖期的红嘴鸥具有攻击性，特别是雄性之间互相“黑”着脸。对它们来说，“黑脸=吵架”，即使是恩爱的夫妻也会吵架。所以为了不让对方看到自己的黑脸，夫妻间会产生“回避”的行为。红嘴鸥配偶间的关系很稳定，一辈子都与同一个配偶在一起，但是因为有了黑色的脸，所以它们在夏天里都是彼此背对着背度过的。

[生物数据]

红嘴鸥	
栖息地	海岸沿线、河流、沼泽
体长	约40cm
体重	约300g

不能正脸相对，为了我们的将来……

明明是夫妻却不能面对面，真是一件很痛苦的事情呢。
不可思议，即使如此也要加油！

虾的尾巴和蟑螂的翅膀成分相同

虾是日本人最喜欢食用的动物之一。覆盖虾身的壳和尾巴，主要成分是甲壳质。而且，你可能不想知道的是，蟑螂翅膀的主要成分也是甲壳质。也就是说，虾的尾巴和蟑螂的翅膀所含的主要成分相同。知道这些，是不是让人感到遗憾?

不过，甲壳质也存在于螃蟹等甲壳类和独角仙等昆虫类的壳中。据说，这种甲壳质具有降低胆固醇、血压，净化肠道的作用，在健康领域和减肥领域备受关注。话虽如此，但是当虾被做成食物摆在眼前时，只要想到它们的壳与蟑螂翅膀的成分相同，食欲就会下降……

顺便说一下，插图中的虾是叶齿鼓虾，在退潮的沙滩上可以找到哦。

[生物数据]

叶齿鼓虾	
栖息地	浅滩、海岸
体长	约5cm
体重	约3g

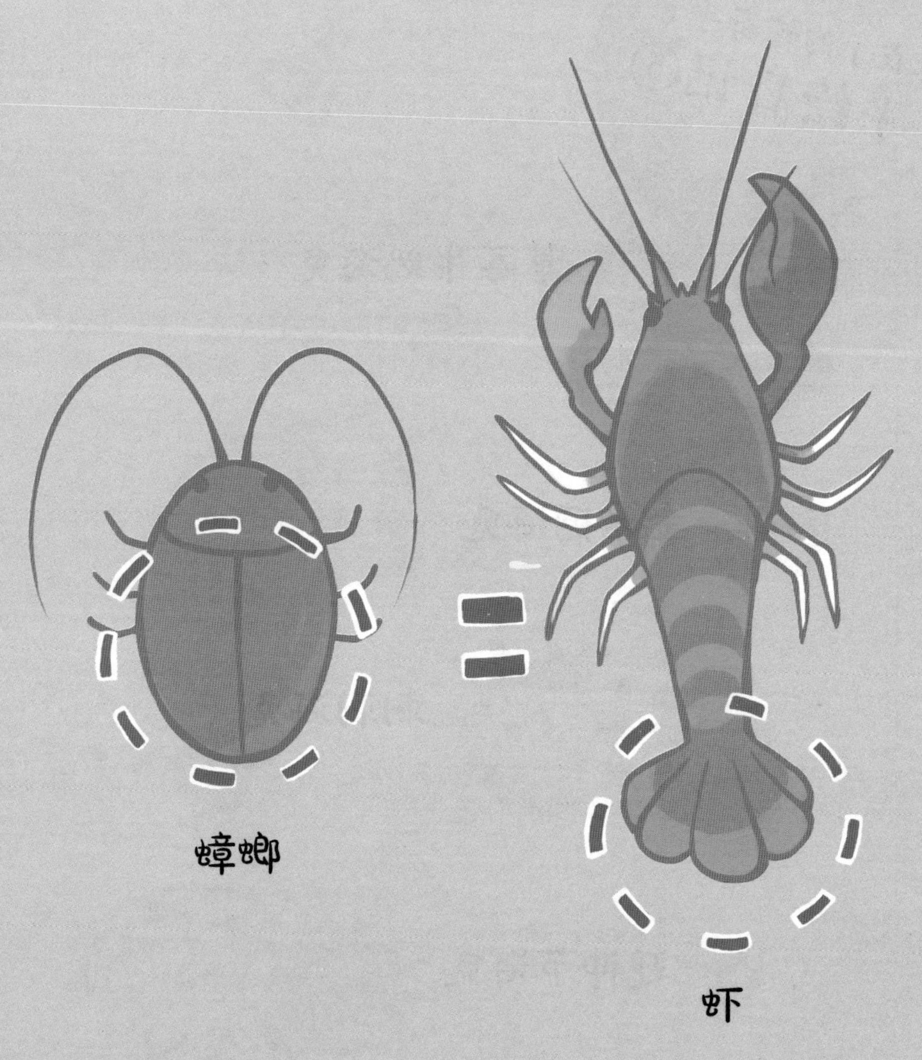
蟑螂
=
虾

唉……虽然你劝我们不要在意，但是下次再吃炸虾尾巴时，还是需要勇气的。虾先生，对不起！

草莓牛奶海兔

金米糖海兔

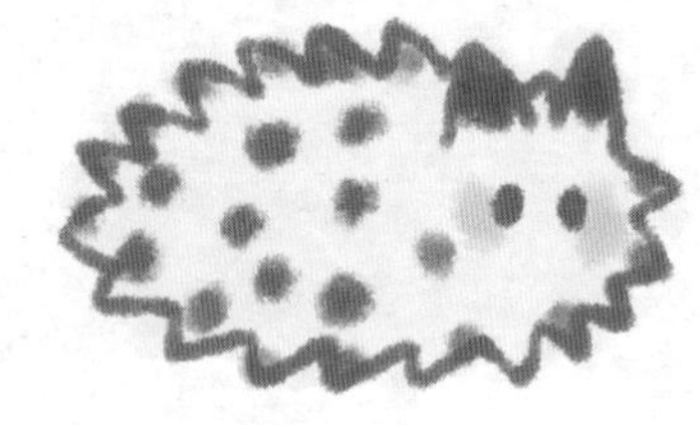

刺刺海兔

迎神节海兔

泡泡纱海兔

今日主题	10 月 10 日 星期三	
只听海兔的名字就觉得超级可爱！	天气 晴	地点 海滨沙滩

今天我记录的，是一种叫海兔的贝类。

因为它们的贝壳已经退化到几乎看不见，所以它们软软的，就像漂浮在色彩斑斓的大海中的鼻涕虫。

我试着查了查它们的名字，看到的都是像“草莓牛奶”这样的类似点心的可爱名字！而且，它们的家族成员可是有三千种哟！等我再试着查一下，看看海兔还有没有其他更加奇怪的名字！

老师评语

真可爱呀！等再发现海兔的新名字时，麻衣子一定要把它加进来哟！老师可是很期待麻衣子的新发现呢！

动物园

在动物园里

能见到的动物

你知道动物园里的动物也有不可思议的一面吗？

动物园里受欢迎的动物自不必说，那么稀有动物呢？

一起去看看多种多样的动物吧！

水豚在外国被当成鱼类看待

让人感觉十分温暖的水豚，在动物园里可是个红人。野生的水豚也被称为“水猪”，生活在南美洲的草原上和热带雨林中的河流等水边。它们与老鼠的的确确是同类。

不过，在意大利境内的梵蒂冈国，水豚却被当成鱼类。明明不是鱼，为什么会被当成是鱼呢?

这是缘于一项规定，即梵蒂冈国的一部分天主教徒在“四旬节”①期间（40天）可以吃鱼，但是不许吃肉。尽管如此，人们还是有“想吃肉”的念头。于是，这部分人就以水豚经常在水中活动为借口，把水豚当成鱼类，这样他们就可以吃水豚肉了。对水豚来说，这真是莫大的悲哀!

顺便说一下，水豚肉的味道就像沙丁鱼和猪肉混合在一起时的味道。这真是个意外的巧合。

[生物数据]

水豚	
栖息地	南美洲
体长	106cm ~ 134cm
体重	35kg ~ 66kg

①四旬节，复活节前的一段准备时期，是基督徒纪念耶稣的一个节日，也称预苦期。天主教会将其称为四旬期，即大斋期。

明明长有一簇簇毛啊！
水豚先生，没关系的！我们都是哺乳动物呢！

雪豹一受惊就叼起尾巴

雪豹是一种豹属动物，肚皮上的毛像雪一样白。因为生存在寒冷地区，所以它们的体毛很厚。人类盯上了它们美丽的皮毛，从而招致它们不断被猎杀。因而，一度人们曾担心它们会灭绝。不过，现在人们已经采取了一些保护措施，它们的数量正在逐渐增加。

雪豹有长达80到100厘米的尾巴，尾巴非常有用。奔跑的时候用它来保持平衡，或者将它当作围巾缠裹着身体。偶尔还能看到雪豹叼起自己的尾巴，样子很可爱。但是，雪豹叼起尾巴时，虽然看起来很可爱，但它的内心是非常不安的。

[生物数据]

雪豹	
栖息地	阿尔泰山脉、兴都库什山脉、喜马拉雅山脉
体长	120cm ~ 150cm（不含尾长）
体重	25kg ~ 75kg

太，太可怕了！

好可爱！如果我也有尾巴的话，我可能
也会情不自禁地叼起来！
人要是也有尾巴就好了！

树懒其实面无表情，但看起来像在笑

树懒分为两种，分别是二趾树懒和三趾树懒。二趾树懒的前肢有两根趾，三趾树懒的前肢有三根趾。

树懒身体内几乎没有肌肉。见到树懒，我们不应说它是“静止的”，而应说它是“动不了”的比较准确。因为树懒一直吊着身子，所以体内的肌肉退化了。

当观看树懒的面部时，我们总看到它在笑。做面部表情的时候需要用到表情肌这样的肌肉，可是树懒体内几乎没有肌肉。它为什么能做笑的表情呢？事实上，树懒并没有做出什么表情，它那看起来像在笑的表情是天生的，因为没有表情肌，所以这种“笑脸”一直保持不变。

无论是寂寞的时候，还是害怕的时候，都是一副与自己无关的“笑脸”，难道树懒果真始终觉得自己是幸福的吗？

[生物数据]

二趾树懒	
栖息地	南美洲
体长	58cm ~ 60cm
体重	3.5kg ~ 4.5kg

树懒其实面无表情，但看起来像在笑！呵呵，下次见到树懒的时候会想问一句：“你现在真的在笑吗？”

雌薮犬撒尿时就像耍杂技

薮犬被称为最原始的野犬，长着圆圆的小耳朵，较粗的身体和短短的腿，与其说它们是狗，不如说它们是獾。但是，这种体形在与其名字“薮”[1]一样的灌木丛中很得力。即使灌木丛中荆棘密布，它们也能顺利通过。在狭长的巢穴里，如果遇到敌人侵犯，它们可以面朝敌人，身子向后倒着走，然后逃走。

行动如此灵巧的薮犬，两性在撒尿时表现不同，雄犬与其他犬类一样抬起一只脚撒尿，而雌犬如同杂耍般倒立着撒尿。雌犬为什么要这样做呢？据说这样做是为了让自己处在比雄性更高的位置上，从而更大范围地散发自己的气味（做记号），进一步扩大自己的领地。这或许表明，雌犬更不服输吧。

[生物数据]

薮犬	
栖息地	南美洲
体长	约66cm
体重	5.0kg ~ 7.0kg

①薮，生长着很多草的湖泊。

倒立着撒尿的雌薮犬，每次看起来都很辛苦！
为什么雄性不倒立呢？

雄环尾狐猴如果不谄媚就活不下去

通过观察，加拿大一所大学的一项最新研究[1]表明，环尾狐猴为了与伙伴们相处融洽，越是弱小的雄性，发出的声音越好听。在族群中，不能成为领导者的雄环尾狐猴的地位很低，动不动就会被雌环尾狐猴的同伴暴力欺负。那些遭受暴力欺负的弱小雄环尾狐猴被迫生活在离群体稍远的地方，但是不能完全脱离群体，因为一旦完全脱离群体，就有可能受到外敌袭击。

对此，弱小的雄环尾狐猴会发出短促但娇声娇气的声音来传达自己的亲近感，以此来吸引那些愿意接受自己的为数不多的同伴，尽可能地让自己能安全地生活下去。

弱小的雄环尾狐猴通过发出谄媚的叫声来讨同伴的欢心，可见它们虽然弱小，但还是坚持一心一意地活下去。加油，不要放弃，环尾狐猴！

[生物数据]

环尾狐猴	
栖息地	马达加斯加岛
体长	39cm ~ 46cm
体重	2.3kg ~ 3.5kg

① 见*Ethology*（《动物行为学》）2017年9月号刊载的论文。

哇，狐猴也不容易啊。
为了过得圆满，加油哦！好样的！

仙鹤真的是秃顶

在日本，人们一说到仙鹤，大多指的是丹顶鹤。丹顶鹤头顶红润，身材出众，姿态优美，被称为日本的象征，在千日元纸币上就印有丹顶鹤。

在日语中，丹顶鹤（日文：**タンチョウ**羽）用汉字写出来就是“丹顶”，“丹”的意思是“红”，“顶”的意思是“头顶”。也就是说，丹顶鹤因头顶是红色的而得名。

如果仔细观察，就会发现丹顶鹤头顶上的红色部分不是羽毛，而是由裸露的皮肤形成的红色颗粒。一直盯着它看，会有点恶心的感觉呢……

丹顶鹤的肉冠实质上是像肉瘤一样的东西。其头顶之所以呈红色，是因为大量毛细血管充盈凸起，人们看到的红色实际是血液的颜色。与鸡冠一样，据说丹顶鹤也是用它来调节体温和吸引异性的。如此看来，被称为仙鹤的它，头顶还真的是光秃秃的呢。

[生物数据]

丹顶鹤	
栖息地	湿地
体长	约1.4m
体重	6.3kg ~ 9.0kg

呃，终于明白了！肉粒粒，可能会有点恶心吧……
下次给你买顶假发吧。

企鹅夫妇如果不懂礼貌，关系就会变差

企鹅虽然不能在空中飞翔，但它们属于鸟类。企鹅基本上遵循一夫一妻制，一旦成为伴侣，就终身相伴，基本上不会出轨。

企鹅夫妇之间相互恩爱，彼此会向对方鞠躬。这种鞠躬行为实是“自我炫耀”行为的一种，被认为是增强夫妻间感情的纽带，具有了解对方行为的功能。

企鹅夫妇在交配前或交替孵蛋时，如果一方行礼，另一方也会微微鞠躬。对它们来说，鞠躬是很重要的交流工具。如果不好好鞠躬，夫妻关系就会变差。

企鹅夫妇间一直很恩爱，可能归功于它们彼此彬彬有礼的态度吧。这非常值得我们人类学习。

[生物数据]

王企鹅	
栖息地	亚南极岛屿
体长	94cm ~ 95cm
体重	9.0kg ~ 15kg

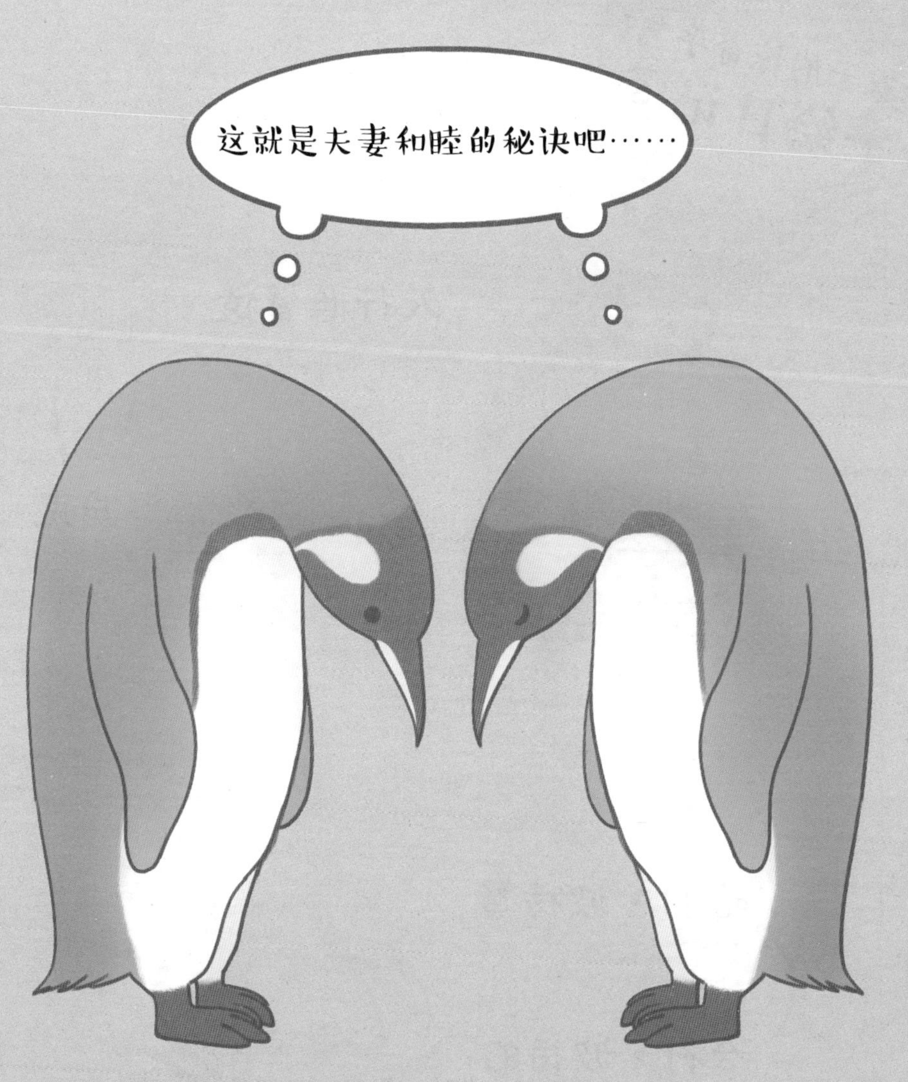

呵呵呵。如果不点头哈腰，就和妻子相处不好，和人类一样呢！

天行长臂猿

卢克

哈利・波特蟹

哈利・波特的
老师

今日主题	11 月 27 日 星期二	
从那部电影里走出来的？！拥有了不起的名字的幸运动物	天气 晴	地点 巴士

我对动物有个新发现，事关它们的名字。

原来，天行长臂猿竟然是一群很喜欢《星球大战》的学者们命名的！

哈利·波特蟹，听上去像是螃蟹的同类，却是《哈利·波特》中那位老师的名字！

经常会看到一些人名，其中就有很多个“哈利”呢！

老师评语

不管是《星球大战》还是《哈利·波特》，老师都特别喜欢！给他们取一些有意思的名字，更容易让大家记住呢！

第7章

也许再也见不到了

在博物馆的濒危物种展上，
可以了解一些也许再也见不到的动物。
我们现在能做的是，关注这些即将灭绝的动物，
去了解它们。

什么是濒危物种?

在地球上已消失的物种被称为灭绝物种。因为各种各样的原因导致种群数量减少，可能会灭绝的物种被称为濒危物种。物种数量减少的原因有砍伐森林、地球变暖、大规模狩猎等。

地球上有很多物种相互联系，相互支撑。如果物种灭绝，生命的联系和平衡被打破，我们人类也就无法生存下去。

薮猫的优雅美丽只是一种假象

薮猫在动画片《兽娘动物园》中一登场，就聚集了很高的人气。薮猫长着大大的耳朵、小小的脸、修长的躯干和长长的腿，简直就像动物界的超模一样。它们擅长狩猎，平常都是单独行动，给人一种高雅的感觉。

但是，与它们可爱的外表相反的是，薮猫是一种性情暴虐的肉食动物。日本动物园在饲养它们的时候，为避免它们可能对人类造成伤害，特将其指定为需要都道府县知事[①]许可观赏的“特定动物”。

薮猫的弹跳力非常强，一次能跳跃3米远，经常会发起突然袭击。即使在吃饱了的时候，它们只要发现小鸟等猎物从眼前经过，也不会置之不理，通常是，捕捉到它们并很快杀死。如果你被它们可爱的外表所欺骗而试图接近它们，就会发现自己根本无法接近。

[生物数据]

薮猫	
栖息地	非洲大草原
体长	70cm ~ 100cm
体重	13.5kg ~ 19.0kg

①知事，日本一级地方行政区都道府县的首长。

拳击运动员鲍勃·萨普也养了只薮猫！虽然它看起来非常可爱，但是很凶。

沙丘猫耳朵里的毛是密排的

沙丘猫的特征是宽脸和大耳朵。它们的外表很可爱，所以被称为“沙漠天使”，是栖息在荒漠地带的野生猫科动物。

沙丘猫长着像狐狸一样的尖尖的耳朵，耳朵内侧长着白色的长毛，浓密地排列着。对于生活在沙漠中的沙丘猫来说，如果沙子被风吹进耳朵里就糟了！为了阻止细沙进入耳朵，它们就进化出这样的结构。

另外，为了保护足部不被白天温度高可达80℃的沙子烫伤，沙丘猫的脚底也长着浓密的毛。正因为有了这些毛，它们才能在滚烫的沙漠中行走，并且不会沉入沙子中。

沙丘猫为适应在沙漠中生存而进化出了很多功能，它们可能会有“要是能在更容易生活的地方就好了”的想法。不过，这只是我的一种猜想。因为沙丘猫生性胆小，不喜欢人类，即使天气很热，生活很艰难，它们也喜欢生活在没有人类居住的沙漠。

[生物数据]

沙丘猫	
栖息地	北非和西南亚的沙漠
体长	40cm ~ 57cm
体重	2.0kg ~ 3.5kg

呼呼……
防沙是万全之策！

因为沙漠很热，所以白天就在自己挖的洞里度过，晚上天气变凉了就出去打猎！

长尾虎猫偶尔会使用拙劣的模仿手段

长尾虎猫生活在南美洲的丛林中。出于在黑暗中捕猎的需要，它们进化出了即使在微弱的月光或星光下也能看清周围物体的大眼睛。

长尾虎猫吃老鼠、松鼠、小型猴子和鸟类等。美国新近的一项研究①表明，长尾虎猫为了捕猎物，会使用模仿的手段引诱猎物前来。他们发现，有一只长尾虎猫模仿猴子宝宝的尖锐叫声，希图把它引诱过来。虽然它模仿得并不是很好，但还是让附近的猴子很感兴趣，它们随即靠近了长尾虎猫。可惜的是，长尾虎猫这次捕猎以失败告终。不过，它能想到通过模仿的手段来捕猎就已经很聪明了！当然，它还是先提高模仿水平为好。

[生物数据]

长尾虎猫	
栖息地	墨西哥北部到阿根廷北部的森林
体长	45cm ~ 70cm
体重	4.0kg ~ 9.0kg

①根据美国的非营利团体——国际野生生物保护协会（WCS）的研究。

据说，长尾虎猫可以将后腿旋转180度！它们虽然不太会模仿猴子的叫声，但也能做出不亚于猴子的特技呢！

马岛獴的名字里有个“屁眼儿”

马岛獴仅生存于马达加斯加岛，是该岛上最大的肉食动物，没有天敌。但是，随着该岛上的森林逐渐消失，马岛獴因找不到食物转而袭击家畜。这种情况一增多，它们就成为当地人猎杀的目标，以致它们目前已成为濒危物种。

马岛獴身体矮壮结实，很威猛，但人类给它们取的学名非常恶心，叫作“Cryptoprocta ferox”，意思是“凶猛的被隐藏的肛门”。我们都知道，肛门就是屁股上排泄粪便的出口。马岛獴的肛门左右两侧各有一个肛门腺，是一个储存气味（腺液）的囊，它们膨胀着就像要把肛门隐藏起来一样。狗也有肛门腺，但是它们在体内，所以狗的肛门看起来是圆形的。相比而言，马岛獴的肛门腺太大了，乍看上去根本发现不了肛门的位置。“被隐藏的肛门”这一名字正是由此得来的。

[生物数据]

马岛獴	
栖息地	马达加斯加的雨林
体长	70cm
体重	9.5kg ~ 20.0kg

啊？屁股上的洞，
看不见吧？
肛门腺

居然用肛门作为学名，太不厚道了！
马岛獴知道自己被称为“肛门”吗？

非洲白脸角鸮一拉长身体就不知道它是谁了

在猫头鹰的同类中，角鸮是体形最小的一种。在角鸮中，可爱的非洲白脸角鸮的体形最大。

非洲白脸角鸮平时的样子非常可爱，但是为了保护自己，它会做出让人无法想象的巨大变身。一旦发现远处有敌人，它就会把整个身体拉长，由此眼睛也变细了，感觉就像变成别的生物了。因为身体被拉得太细长了，所以根本看不出它原来是什么样子的。这是它做出的模仿树枝的拟态之一。

一旦被敌人发现，非洲白脸角鸮就使出最终手段：展开翅膀，进行威吓。当然，这个手段是它陷入相当危险的境地时才做出的。这时，它们一定在说："请不要逼我！"也只有在这个时候，人们才能看到它的这一面。

[生物数据]

非洲白脸角鸮	
栖息地	撒哈拉沙漠以南的非洲
体长	19cm ~ 24cm
体重	约200g

真是判若两人，真的给人一种“这是谁？”的感觉！但是，看到这么瘦的样子，敌人一定不会注意到吧！

海獭在温暖的大海里会沉没

海獭喜欢漂浮在海面上，能聪明地用石头砸开贝壳。它们是生活在海洋里的体形最小的哺乳动物。但是，在鼬科中，它们的体形又是最大的。

海獭的体毛极密。人类中每个人大约有10万根头发，而每只海獭身上大约有8亿根体毛。海獭的体毛缝隙间形成了空气层，漂浮在海面上时，能保护身体免受寒冷侵袭。

海獭的前脚掌上没有毛。为了不让前脚掌受冷，它们会两脚掌配合，避免脚掌接触到海水。偶尔它们也会用前脚掌遮住眼睛，这样做是为了让冰冷的脚掌和眼睛都暖和起来。

“既然这么怕冷，还不如去温暖的海洋……”有人肯定会这么想。实际上，如果水温达到20℃以上，水就能进入海獭体毛内部，海獭就会因此而沉入水中。

去温暖的海洋会沉下去，在寒冷的海洋中脚掌会受冷，真是怎么都不能做到两全其美啊！

[生物数据]

海獭	
栖息地	千岛列岛、阿留申群岛、阿拉斯加湾、加利福尼亚州海岸
体长	55cm ~ 130cm
体重	15kg ~ 33kg

嗯嗯！
反过来说，海獭只能在寒冷的大海中生存。

白犀牛的粪便里有征婚广告

白犀牛是犀科中体形最大的种类，它们的名字并不是来自身体颜色（它们的身体并不白），而是因为它们的嘴唇的特征为“宽平”，用英语表示为wide，发音时被人错听成了white（白色），所以后来就被称为白犀牛——从名字开始就混淆了。接下来，我就谈谈有关它们的粪便的事吧。

南非和德国的一个研究小组①分析了白犀牛的粪便，并通过有领地的雄性和发情期的雌性的粪便来观察单身雄白犀牛的反应。结果发现，单身雄白犀牛在闻到其他雄白犀牛的粪便气味时会提高警惕，但它会持续很长时间地闻雌白犀牛的粪便气味。

根据这项研究发现，白犀牛的粪便里含有性别、年龄、排便者是否结对等信息。白犀牛很可能是通过闻粪便气味来寻找结对对象。总之，白犀牛的粪便泄露了个体的信息。

[生物数据]

白犀牛	
栖息地	非洲南部和东北部的干燥热带草原
体长	340cm ~ 400cm
体重	1700kg ~ 2300kg

①指来自南非和德国的3名科学家组成的研究小组。

有吃粪便的动物，有将粪便作为信息源的动物，对生物来说粪便是非常重要的！

翻车鱼

=

石臼

← 有点可爱呢

西部低地大猩猩

=

大猩猩—大猩猩—大猩猩

↑

多叫几遍大猩猩

长颈鹿

=

行走的当地怪骆驼

↑

干脆叫骆驼得了

今日主题 学名起得很随便的动物	1月21日 星期一	
	天气 雨	地点 家

关于动物，据说伟大的博士们一般都会使用它们的“学名”。

今天，我们就来认识一下那些被妈妈随便取了“学名”的动物！

例如，西部低地大猩猩被“大猩猩——大猩猩——大猩猩”地叫着。不管有多少种大猩猩，都称它们为大猩猩。翻车鱼被称为后臼，听上去也有点可爱呢。

老师评语

所谓学名，就是在世界范围内通用的名字，一般用“拉丁语”来命名，与日本的“和名”不太一样。这可是很有趣的呢。

看了充满奇趣的动物们，
感觉怎么样呀？
虽然有不合理的地方，也有遗憾的地方，
但动物们的生存状态说不定有什么意义呢！
因为动物们都是积极向上的！
所以，大家即使有讨厌的事情也不要气馁，
没关系的！
如果你觉得沮丧的话，
就试着说这句魔法口诀吧！
——“从不灰心！”

图书在版编目（CIP）数据

奇趣动物行为图鉴 / (日) 今泉忠明著 ; 吕平译 . — 北京 : 北京时代华文书局 , 2023.1
ISBN 978-7-5699-4780-9

Ⅰ . ① 奇… Ⅱ . ① 今… ② 吕… Ⅲ . ① 动物行为 – 普及读物 Ⅳ . ① Q958.12-49

中国国家版本馆 CIP 数据核字 (2023) 第 045847 号

北京市版权局著作权合同登记号 图字：01-2019-3582 号

拼音书名 | QIQU DONGWU XINGWEI TUJIAN

出 版 人 | 陈 涛
责任编辑 | 余荣才
责任校对 | 凤宝莲
装帧设计 | 孙丽莉 王艾迪
责任印制 | 訾 敬

出版发行 | 北京时代华文书局 http://www.bjsdsj.com.cn
北京市东城区安定门外大街 138 号皇城国际大厦 A 座 8 层
邮编：100011 电话：010 - 64263661 64261528
印 刷 | 三河市嘉科万达彩色印刷有限公司 0316 - 3156777
(如发现印装质量问题，请与印刷厂联系调换)
开 本 | 880 mm × 1230 mm 1/32 印 张 | 4 字 数 | 95 千字
版 次 | 2023 年 7 月第 1 版 印 次 | 2023 年 7 月第 1 次印刷
成品尺寸 | 145 mm × 210 mm
定 价 | 55.00 元